千年古镇 滋味南翔

"南翔小笼文化展"十年回顾

上海市嘉定区南翔镇人民政府编

上海人民出版社

《千年古镇 滋味南翔》编委会

主　　编：严健明

副 主 编：桑健明

监　　制：姚　芳

总 策 划：陈　菲

统　　筹：高静丽　平晓玲　张福荣

责任编辑：归鸿武　高　天

编辑助理：周　艺　孔　伋

内 容 提 要

　　南翔，一个有着一千多年历史的江南古镇。到过南翔的人都知道坐落在老街上的五代双塔、得名于镇的云翔寺，以及风景秀丽的古猗园。然而，更令人难忘的是南翔的小笼包，皮薄味美，堪称中国饮食文化中的精品。2007 年 9 月 28 日，作为上海旅游节、上海购物节、上海市民文化节、中国上海国际艺术节系列活动之一的"南翔小笼文化展"拉开了序幕。历经十年，"南翔小笼文化展"以"小笼，让生活更滋味"为主题，始终强化"人文南翔"的文化效应，从而使得每年一度的小笼文化展成了南翔的一张文化名片。画册《千年古镇，滋味南翔》就是从回顾和总结"南翔小笼文化展"十年历程的角度，以真实而精美的画面再现小笼文化展期间各项活动的生动场景，以及南翔古镇在现代化、城镇化进程中呈现的物质文明和精神文明的新风貌。

目　录

南翔，古名"槎溪"，相传公元 505 年南北朝时期因建白鹤南翔寺于此，而因寺成镇。发展至明清，达到鼎盛。其时南翔，店肆林立，商贸繁荣，园林荟萃，人文发达，在小镇林立的江南也是屈指可数。如今，随着城镇化、现代化的进程，这个江南的千年古镇正呈现出新时代的风貌。清晨，当你沿着老街信步漫游，望着一片江南风光中透出的勃勃生机，你会仿佛觉得一个淡妆风雅、充满青春活力的少女，正缓缓移步向你走来。

引子： 小美南翔

　　南翔虽小，但小而美。古色古香却繁华依旧的老街，玲珑精巧的砖结构双塔，著名的江南园林古猗园、檀园，这些都是南翔历史文化的标志。然而，更令人难忘的是有着百年历史的南翔小笼包，有馅有汤，有滋有味，堪称中国饮食文化中的精品。自从小笼包点化了南翔人的生活，小笼包就有了它的历史、它的故事，以及多年来积淀于小笼包中的文化现象。

★ **千年古镇**

五代双塔，千年南翔的见证

云翔寺，原名白鹤南翔寺，建于梁天监四年（505），南翔镇因其得名

大气秀美的古猗园，始建于明嘉庆年间，取《诗经》中"绿竹猗猗"之意

小巧精致的檀园，初为明代文人私家花园

3

南翔的老街虽经时光的磨洗，却风姿依旧，古韵犹存

小桥、流水、人家，典型的江南风情

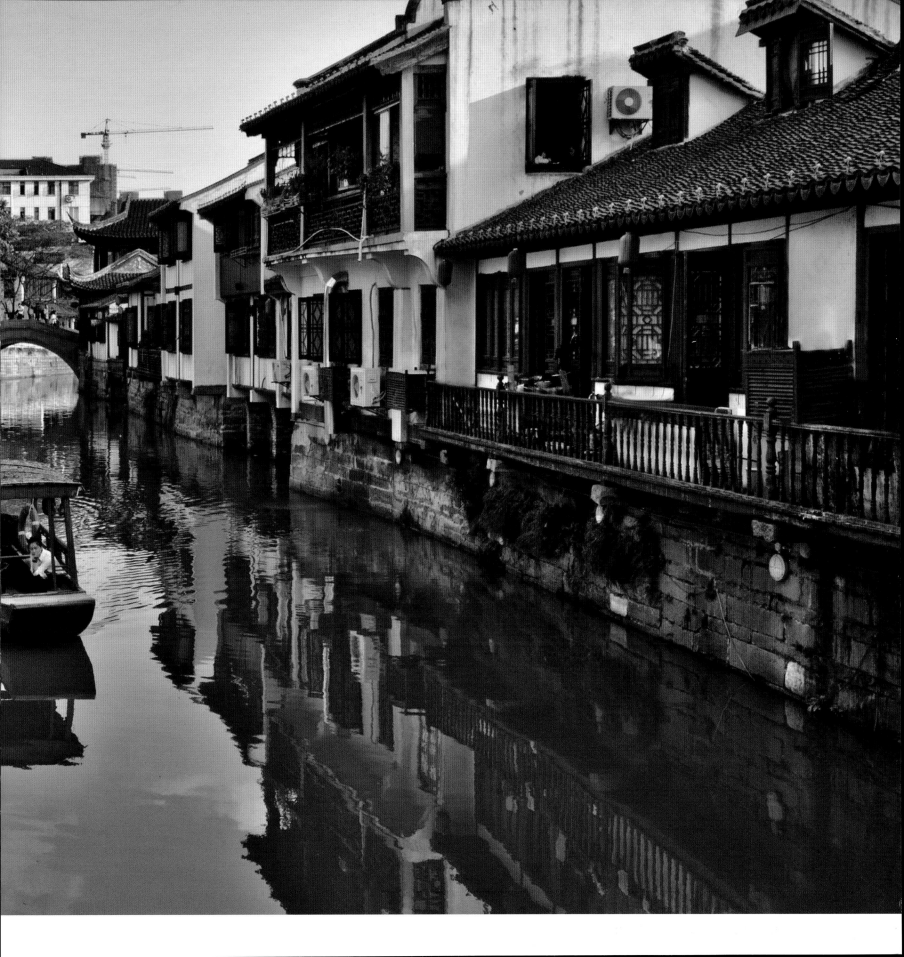

★ **百年小笼**

6

然而，说到南翔就一定会说起南翔的小笼包，经历一百多年的传承、发展，南翔小笼包已经成为南翔的历史印记

南翔小笼包以其精良的制作，因皮薄、馅大、汁多、味美而广得人们的青睐，从而使小笼包成了人们认识南翔的一个文化符号。

第一章　小笼文化的盛大节日

　　2007 年 9 月 28 日，作为上海旅游节、上海购物节、上海市民文化节、中国上海国际艺术节系列活动之一的"南翔小笼文化展"拉开了序幕。南翔小笼正式作为一种文化形态登上了这个舞台。在小笼文化展期间，与小笼相关的各项活动，无论是"千桌万人小笼宴"，还是"小笼电视制作大赛"、"小笼ＤＩＹ体验活动"等等，都出现了空前的盛况，就因为人们不仅是在品尝小笼的美味，更是在欢庆一个小笼文化的盛大节日。

（一）首届"南翔小笼文化展"开幕式

2007 年 9 月 28 日，当晚的古镇，灯火辉煌，秋月朗照。精彩的文艺演出为首届"南翔小笼文化展"开幕式增添了节日的风采。从此，"南翔小笼文化展"成了南翔每年展示的一道亮丽风景。

 开幕式现场

★ **演艺明星领衔的文艺演出，使开幕式精彩纷呈，高潮迭出**

14

15

（二）千桌万人小笼宴

"南翔小笼文化展"期间，每当几百张八仙桌在南翔老街摆开一字长蛇阵，万人共品小笼包的盛宴便开始登场。这在南翔小笼发展史上也是绝无仅有的盛况。人们享受这味觉的盛宴，也享受着这场文化嘉年华带来的快乐。

★ **千桌万人小笼宴的盛况**

小笼宴上最忙的人

★ **南翔小笼，味道就是好！**

23

★ 小笼宴上众生相

味道如何？不错吧！

24

味道好极了，不信你也尝尝

慢点，这可不能像"猪八戒吃人参果"

小笼包的美味是要慢慢品的

老外好奇：小笼包，这个肉是怎么放进去的？

2016 年，小丑表演艺术家的到来，使小笼宴变得更加有趣滑稽

入乡随俗

哇，小笼包！

你也吃一个？

听不懂，算了，还是自己先吃

Xiaolongbao is delicious

怎么吃？难道用手抓?

该死的筷子

28

嗯，已经六个下肚了

请吧！

怎么，今天鼻子失灵了

29

发明筷子的中国人真聪明

哈，用一根筷子也行，只要能送下肚子

一顿饱餐后，小丑表演艺术家在老街巡演

吃饱了，那就开始吧

30

老乡们，我们是小丑，但不是长得丑，而是表演艺术家

入场式还是要的，哪怕是一个人

看到小丑，最开心的当然是小朋友

还玩自拍呢

（三）南翔小笼制作电视大赛

"南翔小笼制作电视大赛"是南翔民间小笼制作高手一展技艺的好机会。比赛，不仅是制作技艺的比拼，也是小笼技艺的传承，更是对小笼文化的体验和弘扬。

来自南翔各村、街道的参赛队

吉祥物南南和翔翔

★ 激烈的角逐

受邀嘉宾也来当场露一手

现场拉拉队

最后究竟花落谁家?

优胜者的笑容

（四）小笼 DIY 体验活动

　　亲身参加小笼文化的体验活动，是近几届"南翔小笼文化展"推出的保留节目。每年总有几百名中外游客，饶有兴味地在师傅的指点下参加小笼包的制作，并且当场品尝自己的劳动成果。许多中外来宾正是通过这样的实践操作，走近南翔，感悟南翔的小笼文化。

★ 体验活动现场

自叹不如，小笼包做成了汤圆

★ **饶有兴趣的老外学起来特别认真**

小丑表演艺术家也来体验馆过把瘾

（五）南翔小笼文化研讨会

南翔小笼文化研讨会是"南翔小笼文化展"从理论和专家学者的层面，探讨、追溯、挖掘南翔历史文化底蕴的一项活动。十年来，专家们从南翔小笼的制作流程、成品形态、小笼大厨的标准化论证，以及南翔成为小笼发源地的历史文化渊源等各个方面，构建了小笼文化的立体平台。

首届"南翔小笼文化研讨会"现场

出席研讨会的领导和专家学者

43

第二章 从小笼文化到非物质文化遗产

2014 年，南翔小笼包制作技艺成功入选"第四批国家级非物质文化遗产代表性项目"，这对小笼文化的诠释有了更大的空间。在小笼文化展期间开展的中国非物质文化遗产展示周、南翔戏曲庙会、古猗园竹文化节、陆廷灿茶文化研讨会等活动，都是从小笼文化的外延向非物质文化空间的拓展，这不仅使人们在领略和欣赏各种非物质文化遗产之际，提升内心的审美情怀和精神愉悦，而且使小笼文化展的形式和内容更加丰富多彩。

◤（一）中国非物质文化遗产展示周◢

　　2011年小笼文化展期间，由民歌、田山歌、号子、民间舞蹈等组成的"全国非遗大展演"隆重上演，成了南翔老街一道风景；此后每年举办的中国非物质文化遗产展示周，又让游客见识了竹刻、吹画、捏面人等几十项全国各地的非物质文化遗产，为弘扬中国非遗文化起到了推动作用。

★ 中国非物质文化遗产展示周现场

47

★ 琳琅满目的展品

48

50

★ **手工非遗现场示范**

52

（二）南翔戏曲庙会

每年"南翔小笼文化展"开幕，云翔寺庙前广场就成了中国戏曲艺术一展风采的大舞台。名家荟萃，名曲悠扬，票友联袂，精彩纷呈。台上台下，掌声喝彩声，交融成一幅名副其实的民间戏曲庙会的风情画。

★ 南翔戏曲庙会盛况

★ 名家荟萃，票友联袂

58

★ **民歌、田山歌、号子……非遗舞蹈专场演出**

★ 热情高涨的观众

67

（三）南翔古猗园竹文化节

　　竹文化在中国源远流长，中国的绘画、园林、诗歌等艺术作品都对竹子情有独钟。"南翔小笼文化展"举办的古猗园竹文化节以"竹艺荟萃，传承经典"为主题，通过展示精品竹种、竹子造景艺术，以及竹刻、竹编、竹画、竹盆景、竹乐器和竹乐表演等系列活动，使游客在游园过程中对竹文化有了更深的了解和认识。

★ **竹子造景艺术**

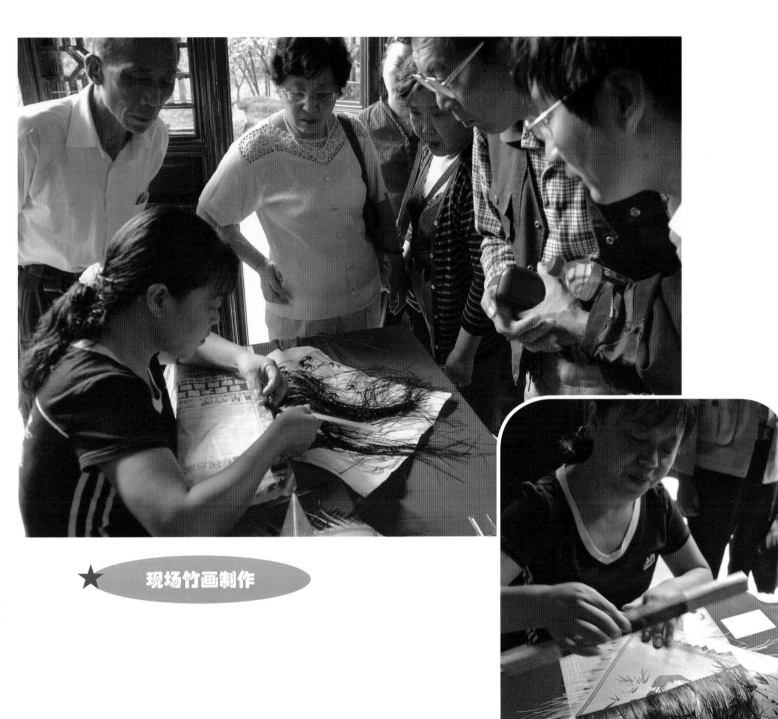

★ 现场竹画制作

73

★ 竹子工艺品欣赏

74

（四）陆廷灿茶学思想暨《续茶经》研讨会

中国是茶的故乡，茶文化源远流长，博大精深。中国的茶道与中国的诗词、绘画、书法、哲学、医学等各文化领域，早已互相渗透，融为一体。清代，被号称"茶仙"的陆廷灿就出生于嘉定南翔，撰有《续茶经》三卷。作为小笼文化展的一项活动，对陆廷灿茶学思想的研讨，以及专家们的真知灼见，无疑对茶文化的研究和传承是一个推动。

★ **研讨会现场**

★ **茶道演示**

（五）上海南翔三画创作展示基地启动仪式

上海三画（年画、宣传画、连环画）都是非遗项目，也是上海传统文化的重要形式，长期以来深受群众的喜爱。2015年小笼文化展期间，上海三画创作展示基地在南翔落成，成为上海三画收藏展示和创作研究的重要基地。这对保留和推动三画的发展，有着积极的意义。

启动仪式现场

三画展示厅

（六）百名画童游画南翔

2016年小笼文化展期间，一百多名小"画家"以亲子游的活动方式，到南翔游览作画。画童们用画笔，呈现了他们眼中的"南翔印象"。

★ **南翔，你好**

80

★ 凝神构思

★ 悉心指导

★ 精心创作

★ **相互切磋**

88

（七）寻古访今看南翔

为了发掘南翔的古镇文化，"南翔小笼文化展"曾多次推出"忆往昔，看今朝"寻访活动，以及"聚焦南翔"百家媒体、百名摄影家摄影采风、中外游客看南翔、"南翔的文化记忆"摄影比赛等一系列活动。摄影家们用镜头留下的瞬间，真实地记录了南翔人的生活以及对南翔文化的记忆。

★ 忙碌的摄影师

寻觅古镇的踪迹

★ 留住瞬间，留住精彩

一,二,三!

走秀

好奇

风情

忙里偷闲

开心

★ 镜头下的古镇

细雨万种情，淡墨一点红

莫道今夜无明月，
璀璨灯火映万家。

一弯小河连双桥，绿水人家绕。
波光疏影留乡情，梦里江南俏。

小镇河畔添新绿，疑是苏堤又春晓。

第三章　小笼，让生活更滋味

　　十年来，"南翔小笼文化展"对南翔的经济发展和精神文明建设，起到了积极的推动作用。随着南翔知名度的提高，来南翔旅游的人越来越多，旅游项目更加丰富多彩。作为小笼文化展重要经济活动的"上海南翔投资高峰论坛"等经济峰会，为南翔经济的长远建设，提供了有益的思考路径，有的已经获得实施并取得实际的经济效果。昔日江南农村的一个小镇，如今已是全国知名的"百强镇"。南翔人的精神风貌，通过小笼文化展的活动也得到充分的展现，老百姓的获得感、幸福感得到极大的提升。正如"南翔小笼文化展"的主题所言：小笼，让生活更滋味。

（一）旅游经济蓬勃发展

据不完全统计，近五年来，小笼文化展期间平均每年来南翔的游客有 30 多万。与小笼文化有关的旅游产品越来越丰富，文化品位越来越高，饮食、宾馆、手工业制作、景点建设等相关产业的经济效益明显增长。

★ **2008 年老字号特色街开街仪式**

舞狮开吉

开门大吉

金钥匙开启老字号特色街的大门

欢庆锣鼓敲起来

装扮一新的古镇老街

109

世博情，小笼味

迫不及待

小笼情

好吃

赞

★ 古镇南翔文化风情一日游

113

千年南翔，万年吉祥

虽是人满为患，游兴依旧十足

（二）经济高峰论坛成了发展南翔的助推器

　　每次高峰论坛都是中外专家云集一堂，既有高端的政策分析、经济形势的探讨研究，也有关于投资南翔不同观点的激烈碰撞。可以说，高峰论坛已经成为南翔经济发展的助推器。同时，高峰论坛的举办，让社会各界、尤其是优秀的企业更好地了解了南翔的实力、魅力和潜力，吸引了更多的外资入驻南翔。

2009 年投资高峰论坛现场

2010 年在投资高峰论坛现场签约

115

热烈发言的与会嘉宾

峰会现场

为成功合作握手

大会现场

研讨与对话

会余交流

合作共赢

签约仪式

坐落在南翔的部分经济创业园区

蓝天创业广场商务楼

南翔商务中心

胜者总部

运通星财富广场

运通星财富广场

工业园区

上海南翔工业园区
上海环球经济城发展有限公司

文化商务区

南翔腾飞的地标

（三）精神文明建设呈现新的风貌

每年"南翔小笼文化展"的各项活动，使得南翔人的精神风貌得到了充分的展示，各项文化体育活动蓬勃开展，精神文明建设硕果累累，古镇的千年文明正呈现新时代的风姿。

★ 群众文艺活动丰富多彩

排练中的业余合唱团

南翔小学民乐团

小小票友

2015 年 10 月，南翔青年话剧社编创的原创话剧《日华轩》，生动展现了南翔小笼兴衰发展的历史

★ 一批文艺精品闪耀舞台

女声组合《古镇风情》，获得第十届中国艺术节音乐类"群星奖"

音乐剧小品《爱情小笼包》，获得第十届中国艺术节戏剧类"群星奖"

舞蹈《小笼师傅》，荣获第十届中国艺术节舞蹈类"群星奖"

★ 群众性体育活动蓬勃开展

2016 南翔镇第一届市民运动会开幕式

青春活力

2008 年南翔镇迎奥运"环保杯"元宵长跑活动

拔河比赛

全民健身节为和谐南翔添彩

少年业余体育训练

体操表演

★ "三画"新作——宣传传统文化、弘扬文明道德

安，定也
——《尔雅》

安然有序
安居乐业

138

谐，和也。
——《尔雅》

邻里和谐
干群齐谐

民为贵，社稷次之，君为轻
——《孟子》

民以为本
民富镇强

地势坤，君子以厚德载物
——《周易·系辞》

倡导公德
文明尊德

品，众庶也
　——《说文》

生态上品
宜居精品

观乎人文，以化成天下
　——《易经·贲卦》

文脉传承
文韵留香

君子创业垂统，为可继也
——《孟子》

创业热土
产业摇篮

141

知而有所合谓之智
——《荀子·正名篇》

集智英才
汇智新城

孝

善事父母为孝
——《尔雅·释训》

孝敬父母
孝顺长辈

福

福，祐也
——《说文》

家庭同福
社区共福

★ 南翔小笼馆主题雕塑征集作品选

最佳作品

优秀作品

144

★ 南翔古镇文化系列丛书出版发行

2008年南翔古镇文化系列丛书发行仪式

赠书仪式

赠书仪式

先睹为快

149

（四）让生活更滋味

　　"南翔小笼文化展"体现了南翔的发展立足自己的优势，不贪大求全 ，就像做南翔的小笼包，有馅有汤，有滋有味。
今天的南翔正成为环境优美、社会和谐、宜居宜业的新城镇，"中国梦"正成为老百姓感同身受的现实。

新落成的居住区

151

安居乐业

农民也有了养老保障

和谐幸福

历届南翔小笼文化展活动项目汇总

2007 年（第一届）

1. 上海南翔小笼文化展开幕式

2. 千年古镇南翔文化风情一日游

3. 上海古猗园竹文化艺术节

4. 南翔小笼文化展示庙会

5. 首届南翔戏曲庙会

6. 南翔小笼文化研讨会

7. "靓车亮我"彩绘车巡游古镇

8. 2007 上海南翔投资高峰论坛

2008 年（第二届）

1. 2008 上海南翔小笼文化展开幕式暨老字号特色街开街仪式

2. "忆往昔，看今朝"寻访活动

3. 2008 上海竹文化节

4. 南翔小笼文化展示庙会

5. 第二届南翔戏曲庙会

6. 新华书店大型特卖会暨南翔文化汇编书刊发行仪式

7. 2008 上海南翔投资高峰论坛

8. 2008 上海南翔小笼文化展闭幕式

155

2009 年（第三届）

1. 2009 上海旅游节、上海购物节嘉定系列活动、上海南翔小笼文化展开幕式暨千桌万人小笼盛会

2. "聚焦南翔"百家媒体、百名摄影家南翔摄影采风活动

3. "世博情，小笼味"南翔古镇之旅

4. 第三届南翔戏曲庙会

5. 古猗园游园活动

6. 南翔古镇文化书系首发式

7. 南翔老街手工艺品展示博览月

8. 2009 上海南翔投资高峰论坛

9. 上海古镇民间艺术展暨 2009 上海南翔小笼文化展闭幕式

2010 年（第四届）

1. 2010 上海南翔小笼文化展开幕式暨千桌万人小笼盛会

2. 南翔小笼美食节

3. 南翔小笼电视制作大赛

4. "世博韵，小笼味"南翔古镇体验之旅

5. 2010 上海古猗园竹荷文化节

6. 第四届南翔戏曲庙会暨长三角非物质文化遗产展示周

7. "凝固的梵音"上海佛教建筑摄影展

8. 南翔人文书画作品展暨古镇文化书系发行式

9. 2010 上海南翔投资高峰论坛

10. 2010 上海南翔小笼文化展闭幕式暨南翔镇第十届运动会开幕式

2011 年（第五届）

1. 2011 上海南翔小笼文化展开幕式暨檀园开园仪式

2. 千桌万人小笼盛会暨南翔小笼美食节

3. 南翔小笼电视制作大赛

4. 南翔古镇体验之旅

5. 2011 上海古猗园欢乐民俗节

6. 2011 南翔戏曲庙会暨中国非物质文化遗产展示周

7. 南翔古镇文化书系发行式

8. 2011 上海南翔投资高峰论坛

9. 2011 上海南翔小笼文化展闭幕式暨嘉定区群众创作展演月闭幕式

2012 年（第六届）

1. 2012 上海南翔小笼文化展开幕式

2. 千桌万人小笼盛会

3. 南翔小笼电视制作大赛

4. 南翔戏曲庙会暨中国非物质文化遗产展示周

5. "南翔古镇寻龙记"旅游体验活动

6. 南翔古镇文化书系发行式

7. 人文南翔——上海画家写生展

8. 上海古猗园竹文化节

9. 上海南翔投资高峰论坛

10. 南翔古镇旅游纪念品设计大赛

11. 2012 上海南翔小笼文化展闭幕式暨嘉定区社区文化展演月开幕式

157

2013 年（第七届）

1. 2013 上海南翔小笼文化展开幕式暨中医文化街开街

2. 千桌万人小笼盛会

3. 南翔小笼电视制作大赛

4. 首届上海市民文化节 2013 南翔戏曲庙会暨中国非物质文化遗产展示周

5. 南翔古镇文化书系发行式

6. 人文南翔——董芷林书画作品展、上海新锐画家画展

7. 上海欢乐民俗节

8. 首届亚太区连锁产业南翔峰会

9. "老外眼中的南翔"摄影比赛

10. 银翔湖公园开园暨第十五届中国上海国际艺术节"外国艺术家进社区"南翔专场演出

2014 年（第八届）

1. 千桌万人小笼盛会

2. 南翔小笼美食节

3. 小笼 DIY 体验活动

4. "文化记忆·南翔"摄影比赛

5. 南翔老街"寻龙记"旅游文化体验活动

6. 2014 上海竹文化节

7. 第八届南翔戏曲庙会暨中国非物质文化遗产展示周

8. 上海云翔寺十周年庆典活动

9. 南翔小笼馆主题雕塑作品征集

2015 年（第九届）

1. 2015 上海南翔小笼文化展暨上海南翔小笼美食节开幕式

2. 千桌万人小笼盛会

3. 南翔四小笼评选

4. 小笼 DIY 体验活动

5. 第九届南翔戏曲庙会暨中国非物质文化遗产展示周

6. 上海南翔三画创作展示基地启动仪式

7. 古镇印象——南翔城市定向旅步赛

8. 南翔小笼历史文化陈列馆开馆仪式

9. 上海古猗园竹文化艺术节

2016 年（第十届）

1. 南翔小笼文化展十年回顾展览

2. 千桌万人小笼宴

3. 南翔四小笼评选

4. 第十届南翔戏曲庙会

5. 中国非物质文化遗产工艺展示周

6. 国际小丑艺术展巡演

7. 记忆中的老南翔图片展览

8. 百名画童游画南翔

9. 古镇印象——南翔城市定向旅步赛

10. 陆廷灿茶学思想暨《续茶经》研讨会

11. 2016 上海世界创意经济峰会国际论坛

159

后记

　　自从 2007 年 9 月 28 日，"南翔小笼文化展"拉开了序幕，每年金秋十月便成了南翔这个千年古镇文化气息最为浓郁的季节。为了让这种文化气息感染更多的人，我们在小笼文化展举办十周年之际，编辑了这本《千年古镇　滋味南翔》的画册。画册中的照片素材，主要取之小笼文化展期间开展的各项活动，以及南翔镇在现代化进程中的发展变化。拍摄这些照片的有南翔镇有关部门的工作人员，有小笼文化展期间逛南翔的游客，有参加小笼文化展各项摄影活动的摄影爱好者。在这里，我们要感谢他们用自己的镜头为小笼文化展留下了精彩的瞬间，尤其要感谢李卓翔、俞超、潘坤贤、李迪安、朱远舫、任国强、恽云康、唐嘉鸥、石明江、陆一星、王平建、于鸿明、陈力、史金福、张凯林、和平、郑惠国、陈文、江志根、许建峰、刘群、钱东升、杨建正、高亮明等摄影爱好者，由于他们对本画册的鼎力相助，使得本画册的内容更加丰富多彩。

　　"小笼，让生活更滋味"。十年发展，画册只是南翔的一个缩影。也许画面留下的记忆会引发人们更多的是思考，这对今后办好"南翔小笼文化展"无疑会有一定帮助。

《千年古镇　滋味南翔》画册编辑组

图书在版编目（CIP）数据

千年古镇 滋味南翔："南翔小笼文化展"十年回顾/上海市嘉定区南翔镇人民政府编.—上海：上海人民出版社,2017
ISBN 978-7-208-14342-5

Ⅰ.①千… Ⅱ.①上… Ⅲ.①面食-文化-上海-图集 Ⅳ.①TS971.29-64

中国版本图书馆 CIP 数据核字（2017）第 030853 号

责任编辑　任学刚
装帧设计　傅惟本

千年古镇　滋味南翔

——"南翔小笼文化展"十年回顾

上海市嘉定区南翔镇人民政府 编

世 纪 出 版 集 团

上海人民出版社出版

（200001　上海福建中路193号　www.ewen.co）

世纪出版集团发行中心发行　上海中华印刷有限公司印刷

开本 889×1194　1/12　印张 14　插页 5
2017 年 3 月第 1 版　2017 年 3 月第 1 次印刷
ISBN 978-7-208-14342-5/J·480

定价 128.00 元